Misgana Mitiku

Doenças importantes, problemas de mercado e de produção das principais culturas de frutos

Misgana Mitiku

Doenças importantes, problemas de mercado e de produção das principais culturas de frutos

ScienciaScripts

Imprint

Any brand names and product names mentioned in this book are subject to trademark, brand or patent protection and are trademarks or registered trademarks of their respective holders. The use of brand names, product names, common names, trade names, product descriptions etc. even without a particular marking in this work is in no way to be construed to mean that such names may be regarded as unrestricted in respect of trademark and brand protection legislation and could thus be used by anyone.

Cover image: www.ingimage.com

This book is a translation from the original published under ISBN 978-620-2-05150-7.

Publisher:
Sciencia Scripts
is a trademark of
Dodo Books Indian Ocean Ltd. and OmniScriptum S.R.L publishing group

120 High Road, East Finchley, London, N2 9ED, United Kingdom
Str. Armeneasca 28/1, office 1, Chisinau MD-2012, Republic of Moldova, Europe
Printed at: see last page
ISBN: 978-620-3-22129-9

Doenças importantes, problemas de mercado e de produção das principais culturas frutícolas na zona de Omo do Sul, SNNPR, Etiópia

Livro de investigação completo

Misgana Mitiku Shertore

Instituto de Investigação Agrícola do Sul, Investigação Agrícola de Jinka

Center, P.O. Box 96, Fax - 251467751503, Telemóvel +251-912289251

Correio eletrónico - misganamitiku441@gmail.com

Conteúdo

Página de rosto

A agricultura é o principal pilar da economia etíope, contribuindo com 50% do produto interno bruto (PIB). Cerca de 85% da população dedica-se à agricultura; cerca de 75% da indústria da Etiópia dedica-se à transformação de produtos agrícolas (Yohannes, 1991). Da área total do país, estima-se que 69% seja adequada para fins agrícolas. As culturas hortícolas são ricas em vitaminas, hidratos de carbono e outros nutrientes que contribuem para uma parte importante da mistura diária dos pratos etíopes. Algumas deficiências nutricionais, como as vitaminas A e C e o ferro, podem ser corrigidas através da utilização de legumes e frutos selecionados, bem como de culturas de raízes. A adoção de variedades de frutos de elevado rendimento e resistentes a doenças foi considerada uma medida de alívio adequada, na medida em que melhorou os meios de subsistência dos agricultores locais. O relatório do inquérito que foi realizado a nível regional em 2014, também confirmou que o rendimento obtido a partir das cultivares locais é demasiado baixo. E em muitas partes da zona, a falta de variedades melhoradas de culturas de frutas e práticas de gestão melhoradas associadas e doenças e pragas são alguns dos principais constrangimentos nos sistemas de produção de culturas de frutas. No entanto, estes desafios de produção e produtividade das culturas frutícolas foram menos explorados na zona de Omo do Sul da Etiópia, apesar dos vários potenciais existentes, como a disponibilidade de mercado, a elevada abundância de terras aráveis e os factores de produção. O estudo também determinou vários factores, incluindo a falta de competências de produção adequadas entre os agricultores locais, a falta de conhecimentos sobre o método de plantação e a utilização de pesticidas, a falta de conhecimentos sobre as práticas disponíveis de gestão de doenças e pragas das culturas frutícolas e a má gestão dos campos e das árvores, o que leva a um aumento da suscetibilidade das variedades de culturas frutícolas a doenças e pragas, o que resulta na redução do rendimento. Para aumentar e manter a produtividade das culturas frutícolas nesta zona e em agroecologias semelhantes em todo o mundo: Como investigador, recomendo a melhoria da identificação e documentação dos principais factores limitantes da produção de culturas fruteiras, tais como as principais doenças dos frutos, a melhoria das práticas de gestão dos campos e a promoção de tecnologias melhoradas de produção de frutos para os principais woredas produtores de culturas fruteiras da zona, de modo a aumentar a produção e a produtividade de frutos na zona.

Misgana Mitiku Shertore, Etiópia

DEDICAÇÃO

Dedico este livro de investigação à minha querida mãe Etagegnew Kebede

4

RECONHECIMENTO

O autor agradece ao Instituto de Investigação Agrícola do Sul (SARI), Centro de Investigação Agrícola de Jinka, pelo apoio material, logístico e financeiro e ao Gabinete de Recursos Agrícolas e Naturais de South Ari woreda pela cooperação durante o período do inquérito e, finalmente, aos agregados familiares inquiridos pelas tendências da produção de culturas frutícolas e pelos dados sobre o tipo de variedades que utilizavam e as práticas de gestão das culturas.

Resumo

A produção e a produtividade da manga, do abacate, da papaia e da laranja estão altamente ameaçadas por diferentes doenças na zona de Omo do Sul da Região Popular Nacional do Sul da Etiópia. No entanto, a importância relativa de cada doença nas diferentes localizações não foi avaliada e bem caracterizada para criar uma estratégia de gestão sólida. Com o objetivo de determinar a ocorrência, a distribuição e o estado destas doenças dos frutos na zona, foi realizado um inquérito em quatro kebeles dos distritos de South Ari da zona de South Omo, ou seja, Metser, Baytsemal, Shekamer e Geza (South Ari woreda) nas épocas de colheita de 2014. Os resultados revelaram que a infeção média mais elevada de antracnose (35,71%) e (32,5%) na manga foi registada em Metser e Bytsemal kebeles de South Ari woreda, respetivamente, enquanto (85%) e (40%) de antracnose no abacate foram registados em Metser e Shekamer kebeles de South Ari woreda da zona de South Omo, respetivamente. Além disso, em Metser e Baytemal kebeles de South Ari woreda, 77% e 32,5% de oídio foram registados como a infeção média mais elevada do abacate e da manga, respetivamente. A infeção média da laranja por podridão dos frutos e oídio foi de 12,5% e 30,25%, respetivamente, em Baytsemal kebele de South Ari woreda. O presente estudo indicou que existe um complexo de doenças dos frutos em diferentes culturas frutícolas em diferentes locais e que a ocorrência entre kebeles é altamente variável, apesar da introdução e promoção de diferentes práticas de gestão, pelo que é necessária uma abordagem integrada holística e cumulativa para gerir as doenças complexas nas áreas estudadas.

Palavras-chave: Doenças, avaliação, agentes patogénicos

Capítulo 1

1. INTRODUÇÃO

A Etiópia tem uma vantagem comparativa numa série de produtos hortícolas devido ao seu clima favorável, à proximidade dos mercados europeus e do Médio Oriente e à mão de obra barata. No entanto, a produção de culturas hortícolas está muito menos desenvolvida do que a produção de cereais alimentares no país.

Em média, mais de 2.399.566 toneladas de frutas e legumes são produzidas por explorações comerciais públicas e privadas, o que se estima ser menos de 2% da produção agrícola total. De acordo com informações obtidas da Autoridade Central de Estatística, a área total cultivada com frutas e legumes é de cerca de 12.576 hectares em 2011. Da superfície total cultivada no país durante o mesmo ano, a área cultivada com frutas e produtos hortícolas é inferior a um por cento (ou seja, 0,11%), o que é insignificante em comparação com as culturas alimentares.

Muitas partes do país são adequadas para o cultivo de frutas temperadas, subtropicais e tropicais. Por exemplo, áreas substanciais nas partes sul e sudoeste do país recebem precipitação suficiente para suportar frutos adaptados às respectivas condições climáticas. Além disso, existem também muitos rios e riachos que podem ser utilizados para o cultivo de vários frutos. A Etiópia tem uma área potencialmente irrigável de 3,5 milhões de hectares, com uma área líquida de irrigação de cerca de 1,61 milhões de hectares, dos quais apenas 4,6% são atualmente utilizados (Amer, 2002). Além disso, de acordo com o relatório CSA 2011/12, cerca de 61.472,74 hectares de terra são cultivados com frutas na Etiópia. No entanto, apesar deste potencial, a área cultivada com frutas é muito pequena e é maioritariamente ocupada por pequenos agricultores.

De acordo com o Ministério da Agricultura e do Desenvolvimento Rural (MoARD, 2005), há cerca de 3 milhões de agricultores envolvidos na produção de fruta, com uma área total de cerca de 43.500 ha e produzindo cerca de 261.000 t anualmente.

Os frutos estão entre as culturas alimentares mais importantes e interessantes que são produzidas nas regiões tropicais do mundo (Martin *et al.*, 1987; Nakasone e Paull, 1998). De muitas maneiras, eles exemplificam a natureza exótica dos trópicos. Para além da sua importância monetária, estes frutos ocupam um lugar importante na vida quotidiana das populações das regiões tropicais (Martin *et al.*, 1987). Possuem uma grande variedade de qualidades nutricionais e podem conter quantidades significativas de vitaminas, minerais, óleos, amidos e proteínas. São produtos de sobremesa que acrescentam sabor e variedade às dietas de muitas pessoas. No futuro, a procura de fruta tropical aumentará dentro e fora das regiões tropicais.

A Etiópia tem uma vantagem comparativa numa série de produtos hortícolas devido ao seu clima favorável, à proximidade dos mercados europeus e do Médio Oriente e à mão de obra barata. No entanto, a produção de culturas hortícolas está muito menos desenvolvida do que a produção de cereais alimentares no país (MoA, 2006).

De acordo com informações recentes obtidas junto da Autoridade Central de Estatística, a área total cultivada com frutas e produtos hortícolas é de cerca de 12 576 hectares em 2011. Do total da superfície cultivada no país durante o mesmo ano, a área cultivada com frutas e produtos hortícolas é inferior a um por cento (ou seja, 0,11%), o que é insignificante em comparação com as culturas alimentares. A produção de fruta é uma das principais fontes de rendimento monetário para os agricultores que vivem na zona de Omo Sul da SNNPR. É a terceira maior fonte de rendimento familiar, a seguir à produção agrícola e pecuária, para os agricultores da região (BoA, 2006).

A zona tem condições climáticas diversificadas, que vão desde as zonas áridas das planícies até às zonas húmidas das terras altas, o que a torna adequada para a produção de diversos tipos de frutos. Entre as árvores de fruto plantadas na zona, as principais são a manga, o abacate, a papaia, os citrinos e a cebola. Devido à sua capacidade de resistir às alterações climáticas, à menor necessidade de alavanca e ao valor de mercado mais elevado, a produção de frutos é um negócio muito atrativo nos tempos que correm. Na zona de Omo Sul da SNNPR, os agricultores utilizam as árvores de fruto para diferentes fins, como lenha, material de construção, produção de frutos e conservação do solo e da água. medida que a produção aumenta para satisfazer estas exigências, a informação sobre as doenças que afectam a saúde destas culturas será vital.

As doenças constituem, muitas vezes, o maior obstáculo à produção de frutos tropicais. Estas doenças reduzem indiretamente os rendimentos, debilitando a planta, e reduzem diretamente o rendimento ou a qualidade dos frutos antes e depois da colheita. Entre as principais doenças (antracnose, oídio e ferrugem) na manga, (antracnose, morte) no abacate, podridão do lenho, sarna (fruto e folha), cancro do tronco de *Phytophthora*, manchas foliares, antracnose, oídio e bolor fuliginoso nos citrinos são algumas das doenças referidas em muitas publicações.

Como mencionado acima, a zona de Omo Sul da SNNPR (Estado Regional da Nação e da Nacionalidade e do Povo do Sul) tem condições climáticas adequadas para a produção de diversas culturas frutícolas, no entanto, há uma grande quantidade de perdas de frutos antes e depois da colheita na zona devido a muitos factores. Entre eles, as perdas devidas a doenças dos frutos assumem a maior parte.

Assim, o levantamento e a documentação das principais doenças dos frutos, a sua distribuição, intensidade, gravidade e a sua relação com os factores climáticos têm maior importância, pelo que o presente estudo foi realizado com os seguintes objectivos

Objectivos principais

Identificar as principais doenças das culturas frutícolas no woreda de South Ari da zona de South Omo (Meytser, Baytsemal, Shekamer e Geza Kebele's) e definir a informação de base

Objectivos específicos

> Documentar a incidência e a gravidade das principais doenças identificadas nas culturas frutícolas na área estudada

> Identificar as principais doenças da fruticultura na área estudada e fazer algumas sugestões para a gestão dessas doenças

> Identificar os principais problemas associados à comercialização e à produção das culturas frutícolas nas zonas estudadas

Capítulo 2

2. REVISÃO DA LITERATURA

2.1. Produção e consumo de culturas hortícolas na Etiópia

A produção de culturas hortícolas na Etiópia está dispersa por todo o país em parcelas de terra em pequenas explorações agrícolas camponesas, principalmente alimentadas pela chuva e poucas sob irrigação (Bekele, 1989; Milaku, 2005). Cerca de 99% da área afetada à produção de culturas hortícolas é cultivada por pequenos agricultores, que produzem 428 752 toneladas de frutos e 2 107 292 toneladas de legumes. Entre as frutas, são comuns o abacate, a banana, a laranja, a papaia e a goiaba (Milaku, 2005). A produção e a transformação em grande escala de culturas hortícolas são efectuadas principalmente por organizações estatais, investidores estrangeiros e nacionais (Yohannes, 1989). A maior parte da produção comercial de culturas hortícolas é efectuada no Vale do Rift central e na parte oriental do país. Sobretudo nas zonas onde há água disponível e os agricultores têm acesso ao mercado, a produção de culturas hortícolas é uma importante fonte de rendimento para as famílias (Bezabih e Hadera, 2007). Recomenda-se a promoção da produção de culturas de alto valor para garantir a segurança alimentar e melhorar as condições de vida dos pequenos agricultores (Milaku, 2005). A maior parte das culturas hortícolas produzidas em diferentes regiões do país é exportada para o Djibuti e a Somália, enquanto uma quantidade limitada de frutas e legumes também é exportada para a Europa, o Paquistão, a Arábia Saudita e o Iémen (Milaku, 2005). A produção de culturas hortícolas contribui para uma importante fonte de rendimento em dinheiro para os pequenos agricultores. Também dá aos pequenos agricultores a oportunidade de participar no mercado (Alazar, 2007). O governo formulou um programa nacional destinado a melhorar significativamente a produtividade e a qualidade das culturas hortícolas para aumentar a sua competitividade no mercado (Milaku, 2005).

A estratégia de desenvolvimento rural também dá ênfase ao desenvolvimento agrícola orientado para o mercado e apoiado pelo governo para a integração do mercado e o desenvolvimento de agro-empresas (Bezabih e Hadera, 2007). O cultivo de árvores de fruto tem muitas vantagens, como o crescimento em espaço muito limitado (herdades), resistência à seca, requer menos trabalho intensivo, pode ser combinado com outras culturas em esquemas agroflorestais e pode ser usado como ornamental ou sombra em compostos domésticos (Yitebitu, 2004). A maior parte das culturas hortícolas produzidas pelos pequenos agricultores na Etiópia são consumidas localmente. Após a colheita, são transportadas para centros de mercado rurais para os consumidores locais ou são compradas na exploração por vizinhos. Outras são transportadas para centros de mercado maiores, onde muitos produtores utilizam os mercados ao ar livre uma ou duas vezes por semana (Alazar, 2007). O consumo de fruta e legumes por dia e por pessoa é, em média, de 97g. No entanto, quando comparado com os cereais, que contribuem com cerca de 75% da dieta etíope, é baixo (Milaku, 2005). A disponibilidade relativa de fruta e legumes só aumentou ligeiramente na maioria dos países e ainda está abaixo do nível recomendado, tanto nos países desenvolvidos como nos países em desenvolvimento (Clay, 2004). As frutas e os legumes desempenham um papel significativo na melhoria dos rendimentos e da nutrição, uma vez que são ricos em vitaminas, hidratos de carbono, anti-oxidantes e outros nutrientes. Algumas deficiências nutricionais, como as vitaminas A e C e o ferro, podem ser corrigidas através da utilização de vegetais e frutos selecionados. São utilizados frescos ou transformados em pasta, puré, ketchup, marmelada, compota, sumo e manteiga (Olayemi et al., 2010). O nível de consumo pode atuar como o principal constrangimento para a produção de culturas hortícolas devido à segurança alimentar, às exigências do mercado e à maior preferência dos agricultores pela produção de cereais e leguminosas. Os outros factores de constrangimento das culturas hortícolas são a baixa produção e produtividade, a falta de controlo adequado das pragas, as más práticas de gestão do solo, a falta de atenção à qualidade do produto e à prevenção de danos físicos, bem como a falta de instalações de armazenamento e embalagem (Milaku, 2005).

De um modo geral, a produção de culturas hortícolas no país não deu esse contributo no passado devido aos vários constrangimentos associados às suas perdas pós-colheita (Milaku, 2005 e Alazar, 2007). Além disso, a sua contribuição para a dieta ou segurança alimentar e para a geração de rendimentos é também insignificante (Milaku, 2005).

2.2. Produção de culturas frutícolas em SNNPR Etiópia

Na região SNNPR, a agricultura é a espinha dorsal da economia regional, contribuindo para cerca de 73% do PIB regional e mais de 90% do emprego total. Os resultados do inquérito mostram que as culturas frutícolas cultivadas pelos camponeses privados cobrem apenas uma pequena área simbólica e produção no país. O número de agricultores que praticam a fruticultura é muito inferior ao dos cereais, como indicado nos quadros. Cerca de 107.890,60 hectares de terra são cultivados com culturas frutícolas na Etiópia. As bananas contribuem com cerca de 58,59% da área de fruticultura, seguidas pelos abacates, que contribuem com 16,53% da área. Mais de 7.923.665,02 quintais de frutos foram produzidos no país. Bananas, mangas, abacates, papaias e laranjas representaram 67,94%, 13,21%, 8,20%, 6,36% e 2,61% da produção de frutas, respetivamente (CSA, 2017).

A produção de fruta é uma das principais fontes de rendimento em dinheiro para os agricultores que vivem no estado SNNPR da Etiópia. É a terceira maior fonte de rendimento familiar, a seguir à produção agrícola e pecuária, para os agricultores da região (BoA, 2006). O estado tem condições climáticas diversificadas, que vão desde as zonas áridas de planície até às zonas húmidas das terras altas, o que torna a zona adequada para a produção de tipos muito diversificados de frutos. Entre as árvores de fruto plantadas na zona, a manga, o abacate, a papaia, os citrinos e o zyton são as principais. Devido à sua capacidade de resistir às alterações climáticas, à menor necessidade de alavanca e ao maior valor de mercado, a produção de fruta é um negócio muito atrativo neste momento.

No estado SNNPR, os agricultores utilizam as árvores de fruto para diferentes fins, como lenha, material de construção, produção de frutos e conservação do solo e da água. medida que a produção aumenta para satisfazer estas exigências, a informação sobre as doenças que afectam a saúde destas culturas será vital.

Os pequenos agricultores, que representam 90% da produção agrícola, cultivam cerca de 96% do total das terras cultivadas (Greenhalgh e Havis, 2005). O número de pequenos produtores envolvidos na horticultura está estimado em 5,7 milhões de agricultores (MoARD, 2007).

A produção de culturas hortícolas cria postos de trabalho e proporciona o dobro do emprego por hectare de produção em comparação com a produção de culturas cerealíferas (Ali et al., 2002). A passagem da produção de cereais para culturas hortícolas de elevado valor é um importante fator de criação de oportunidades de emprego nos países em desenvolvimento (Joshi et al., 2003). A cadeia de produtos hortícolas é também mais longa e mais complexa do que a das culturas cerealíferas e, consequentemente, as oportunidades de emprego são mais abundantes (Temple, 2001). As mulheres são as que mais podem beneficiar da importância crescente da horticultura nas economias rurais. As mulheres, em geral, desempenham um papel muito mais significativo na produção de culturas hortícolas do que nas culturas de base amilácea. Em todos os países em desenvolvimento de África, as mulheres desempenham um papel dominante na produção de culturas hortícolas e cultivam mais de metade do total das pequenas explorações. Para além de criar emprego na exploração agrícola, o sector hortícola também gera emprego fora da exploração, especialmente para as mulheres. É o caso das indústrias de exportação e de transformação de valor acrescentado, que são sectores importantes da economia da Nigéria.

Uma vez que a produção hortícola é muito intensiva em termos de mão de obra, os trabalhadores sem terra também beneficiam das novas oportunidades de emprego criadas pela produção de culturas hortícolas. Estes empregos proporcionam normalmente mais rendimento do que os empregos obtidos pelos trabalhadores na maioria dos outros sectores (Weinberger e Lumpkin, 2007).

A zona de Omo Sul é uma das 13 zonas da SNNPR. A zona é dotada de condições climáticas e de recursos naturais favoráveis que permitem o cultivo de diversas culturas anuais e perenes necessárias ao consumo doméstico e ao mercado. Apesar do facto de a zona produzir produtos agrícolas com base na chuva, a presença do rio perene Woito pode aumentar a produção através da irrigação. De acordo com ZOANRD (2004), as culturas frutícolas cultivadas na zona incluem abacate, manga, papaia e citrinos.

A produção de culturas frutícolas pelos pequenos agricultores da zona destina-se principalmente ao mercado, ao lado dos cereais. A produção é principalmente de subsistência e há anos em que são produzidos excedentes e também anos de seca. De acordo com ZOANRD, (2017) a área de terra coberta por culturas de frutas (abacate, manga, laranja e papaia) na zona foi de 470,78, 353,04, 9,59 e 131,40 hectares, respetivamente. A zona produziu 10 641,47, 33 716,00, 211,00 e 29 978,81 quintais de abacate, manga, laranja e papaia, respetivamente. A produção por hectare de abacate, manga, laranja e papaia na zona foi de 22,60, 95,50, 22,00 e 228,15, respetivamente (CSA, 2017).

2.3. Papel da produção de culturas hortícolas na Etiópia

As frutas e os legumes desempenham uma série de papéis importantes na saúde humana. Fornecem antioxidantes, como as vitaminas A, C e E, que são importantes para neutralizar os radicais livres (oxidantes), conhecidos por causarem cancro, cataratas, doenças cardíacas, hipertensão, acidentes vasculares cerebrais e diabetes (Wargovich, 2000).

A produção de legumes é uma atividade económica importante na Etiópia, que vai desde a agricultura de pequenos agricultores até às explorações comerciais estatais e privadas (Zelleke e Gebremariam, 1991). De acordo com (CSA, 2012), cerca de 2,710 milhões de toneladas de legumes, raízes e tubérculos foram produzidos em 541 mil hectares, criando meios de subsistência para mais de 1 milhão de famílias em 2010/11.

A produção comercial de culturas hortícolas, incluindo produtos hortícolas, também tem vindo a aumentar nos últimos anos devido à expansão das explorações agrícolas estatais (por exemplo, a Ethiopian Horticulture Development Corporation) e ao aumento do investimento privado no sector por parte de empresários nacionais e internacionais (EHDA, 2012). A produção comercial está concentrada nas áreas do Vale do Rift da Etiópia, devido à disponibilidade de instalações de irrigação, acessibilidade e proximidade das indústrias de agro-processamento. A Ethiopian Horticulture Development Corporation tem vindo a desenvolver actividades de produção e comercialização de culturas hortícolas desde a sua criação em 1980 (Yohannes, 1989). A Ethiopian Fruit- and Vegetables Marketing Enterprise (ETFRUIT) foi criada em abril de 1980 no âmbito da Horticulture Development Corporation para se ocupar do comércio interno e de exportação de frutos frescos, produtos hortícolas, flores e produtos hortícolas transformados. A produção de produtos hortícolas é praticada tanto em regime de sequeiro como de regadio. O sistema de produção de legumes irrigados está a aumentar devido ao aumento das explorações comerciais e ao desenvolvimento de sistemas de irrigação em pequena escala (Baredo, 2012).

2.4. Principais doenças das culturas frutícolas e respectivas medidas de controlo

As doenças são, muitas vezes, as limitações mais importantes para a produção de culturas fruteiras. Reduzem indiretamente os rendimentos, debilitando a planta, e reduzem diretamente o rendimento e a qualidade dos frutos antes e depois de serem colhidos. Estes problemas vão desde problemas estéticos, que reduzem a possibilidade de comercialização dos produtos colhidos, até problemas letais que devastam a produção local ou regional. Praticamente todas as culturas frutícolas importantes são afectadas por uma ou mais doenças graves. As doenças determinam como e onde uma cultura é produzida, que tratamentos pós-colheita são utilizados, em que mercados as culturas são vendidas e se a produção é adequada e rentável.

A antracnose é causada pelo fungo *Colletotrichum gloeosporioides* (Penz.) Sacc. Encontra-se normalmente em frutos maduros na árvore e é a podridão mais frequentemente observada em abacates amolecidos no mercado. O primeiro sinal da doença são pequenas descolorações quase circulares da casca, de cor castanha clara a preta, espalhadas pela superfície do fruto. medida que o fruto amadurece, as manchas aumentam para 10-15 mm ou mais de diâmetro. A cor muda de castanho-claro nas bordas para castanho-escuro e preto-esverdeado no centro da mancha ligeiramente afundada. O fungo espalha-se rapidamente para a polpa, causando uma podridão negro-esverdeada, relativamente firme, que acaba por envolver a maior parte do fruto. A superfície das lesões pode desenvolver fissuras radiais e circulares proeminentes. O fungo forma massas de esporos cerosos de cor rosa na superfície das manchas sob humidade elevada. As plantas frutíferas afectadas pela antracnose são a manga, o abacate, a banana, a papaia e os citrinos.

Medidas de controlo: A antracnose é controlada através de um bom programa de pulverização no terreno para controlar insectos, a mancha de Cercospora e a crosta. A mancha de Cercospora e a sarna são controladas por pulverizações mensais de Benlate® a 1,7-2,2 kg/ha.

O cobre micronizado a 1,5-2 kg/400 litros é eficaz no controlo da mancha de Cercospora e da sarna. A colheita incorrecta de frutos imaturos contribui para o desenvolvimento da antracnose no armazenamento e no trânsito, uma vez que os frutos são susceptíveis a contusões e rupturas da pele causadas pela colheita e embalagem. A antracnose pode ser controlada principalmente através de boas práticas culturais no pomar e de um manuseamento adequado dos frutos antes e depois da colheita. Podar os ramos e galhos mortos onde os fungos esporulam. Se houver muitas folhas mortas entrelaçadas na copa, arrancá-las da árvore. Podar os ramos baixos a pelo menos 2 pés do chão para reduzir a humidade nas copas, melhorando a circulação do ar.

Oídio: **O oídio** é uma doença comum em muitos tipos de plantas frutíferas. Diferentes fungos do oídio causam doenças semelhantes em diferentes plantas. Os fungos do oídio geralmente não necessitam de condições húmidas para se estabelecerem e crescerem, e normalmente desenvolvem-se bem em climas quentes. Assim, o oídio é mais prevalente do que muitas outras doenças no clima seco do verão da Califórnia. A doença pode ser grave nas videiras, nas amoras e nas árvores de fruto, onde ataca o crescimento novo, incluindo os botões, os rebentos e as flores, bem como as folhas. O novo crescimento fica anão, distorcido e coberto com um crescimento branco e pulverulento. Nas macieiras, videiras, damasqueiros, nectarinas e pessegueiros, os frutos jovens desenvolvem cicatrizes semelhantes a uma teia de caramelo e, por vezes, desenvolvem uma pele áspera e cortiça. As uvas com uma infeção grave podem também rachar ou fender-se e deixar de crescer e expandir-se. Os esporos do oídio são transportados pelo vento para novos hospedeiros. As temperaturas moderadas e as condições de sombra são geralmente as mais favoráveis ao desenvolvimento do oídio. Os esporos e o micélio são sensíveis ao calor extremo e à luz solar direta. O melhor método de controlo é a prevenção. As fruteiras afectadas pelo oídio são a maçã, a manga, a uva, a papaia, etc.

Medidas de controlo: Evitar as variedades mais susceptíveis e as boas práticas culturais controlarão adequadamente o oídio em muitas situações. No entanto, quando as condições são favoráveis, as árvores de fruto e as bagas susceptíveis podem necessitar de proteção com pulverizações de fungicidas.

Podridão radicular de Phytopthera: A podridão radicular de Phytophthora é a doença mais grave do abacate. O agente causal, *Phytophthora cinnamomi,* tem mais de 1.000 hospedeiros, incluindo muitas espécies de culturas anuais de flores, bagas, árvores de fruto de folha caduca, plantas ornamentais e legumes. Os sintomas foliares da podridão radicular do abacateiro incluem folhas pequenas, verde-claras ou amareladas. As folhas murcham frequentemente e têm pontas castanhas e necróticas. A folhagem é escassa e o crescimento novo é raro. Pode haver pouca folhagem debaixo das árvores infectadas. Os ramos pequenos morrem no topo da árvore, expondo outros ramos e frutos às queimaduras solares devido à falta de folhagem de sombra. A produção de frutos diminui, mas as árvores doentes dão frequentemente uma colheita abundante de frutos pequenos. As raízes de alimentação pequenas e fibrosas são escassas nos estádios avançados desta doença. Quando presentes, as raízes pequenas são pretas, quebradiças e mortas devido à infeção. A folhagem fica murcha mesmo quando o solo sob as árvores doentes está húmido. As árvores afectadas diminuem e muitas vezes morrem rápida ou lentamente. A podridão radicular desenvolve-se em áreas com excesso de humidade no solo e má drenagem. As árvores de qualquer tamanho e idade podem ser afectadas. As plantas frutíferas afectadas pela podridão radicular Phytopthera são a macieira, o abacateiro, os citrinos, a papaieira e muitas outras culturas frutíferas.

Medidas de controlo: O agente patogénico é facilmente disseminado através da circulação de material de viveiro contaminado de abacateiro e de outras plantas, em equipamento e calçado, em sementes de frutos depositados em solo infestado, ou através de qualquer atividade de pessoas ou animais que movam solo húmido de um local para outro. Os esporos *de Phytophthora* espalham-se fácil e rapidamente na água que circula sobre ou através do solo.

Áreas inteiras podem ser facilmente infestadas. As espécies de *Phytophthora* não são verdadeiros fungos, mas têm muitos atributos semelhantes aos dos fungos. A cobertura morta promove o desenvolvimento de microrganismos benéficos antagónicos a *Phytophthora cinnamomi* e reduz os efeitos adversos do solo e da água salinos. O gesso fornece cálcio, que suprime a formação de esporos *de Phytophthora*. Certos fosfitos (compostos de ácido fosfórico e fosfonato) podem melhorar significativamente a capacidade das árvores para tolerar, resistir ou recuperar da infeção por *Phytophthora* cinnamomi. Um bom controlo requer a utilização de fungicidas em combinação com outras práticas recomendadas, tais como práticas de irrigação cuidadosas e a aplicação de cobertura vegetal de aparas de madeira. Os fosfitos não podem erradicar *a Phytophthora* do pomar e a podridão radicular do abacateiro requer uma gestão contínua durante toda a vida das árvores.

Phytopthera Podridão dos frutos

Os frutos doentes apresentam uma zona negra circular distinta, que ocorre geralmente na parte inferior ou no ponto mais baixo do fruto. Internamente, a podridão estende-se à polpa, escurecendo-a da mesma forma que na superfície afetada. Os frutos afectados tocam frequentemente o solo ou estão pendurados em ramos baixos. A maioria dos danos ocorre a menos de 1 metro do solo. O apodrecimento dos frutos por *Phytophthora* é causado por *Phytophthora* spp. geralmente *P. citricola.* A maioria dos danos ocorre após condições de humidade prolongada, a mesma situação que favorece a antracnose. Em contraste com a antracnose, que é principalmente um problema pós-colheita, as infecções de Phytophthora fruit rot tornam-se muitas vezes óbvias enquanto os frutos ainda estão pendurados na árvore, causando também a sua deterioração depois da colheita. As plantas fruteiras afectadas pela podridão de Phytopthera são o abacateiro, a anona, a cerejeira e a nogueira.

Medidas de controlo: a causa mais comum de infeção é o salpico de propágulos *de Phytophthora* da superfície do solo para os frutos durante chuvas fortes ou irrigação por aspersão.

Podar os ramos inferiores para que fiquem a 2 a 3 pés do solo. Manter uma camada espessa de cobertura vegetal para acelerar a decomposição dos fungos no solo. Considere a possibilidade de remover e deitar fora os frutos que se encontram no chão, pois o fungo esporula nos frutos caídos.

Verticillium wilt: faz com que a folhagem se torne verde desbotada, amarela ou castanha e, por vezes, murcha em partes dispersas da copa ou em ramos dispersos. Os rebentos e os ramos murcham e morrem, muitas vezes começando num dos lados da planta e, ocasionalmente, plantas inteiras morrem. A descamação da casca dos ramos recém-infectados pode revelar manchas escuras que acompanham o grão da madeira infetada. Esta descoloração é um sintoma comum de diagnóstico no terreno para a maioria das plantas lenhosas infectadas pela murcha de Verticillium. A doença é mais prevalente durante os períodos de tempo frio e húmido.

Medidas de controlo: manter as plantas vigorosas, fornecendo às árvores irrigação adequada, fertilizantes e outros cuidados apropriados para promover um novo crescimento e aumentar as suas hipóteses de sobrevivência.

Capítulo 3

3. MÉTODOS DE RECOLHA DE DADOS

3.1 Recolha de dados do inquérito social

O estudo foi efectuado na zona de South Omo, no distrito de South Ari, nas kebeles de Mytser, Baytsemal, Shekamer e Geza, com base na sua potencialidade para a produção de culturas frutícolas, bem como na acessibilidade aos transportes. Para recolher os dados sociais necessários ao estudo, foram realizadas entrevistas individuais, entrevistas a informadores-chave e discussões em grupos de reflexão.

Entrevista aos agricultores: para selecionar os agregados familiares da amostra para o estudo, primeiro foram discutidos com peritos zonais e woreda e com produtores de culturas frutícolas modelo. Consequentemente, foram utilizados 10 agregados familiares de produtores de culturas frutícolas por kebele para recolher diferentes dados através de uma entrevista semi-estruturada. Por conseguinte, foi utilizado um método de amostragem aleatória estratificada para selecionar os agregados familiares inquiridos para o estudo. Por conseguinte, foram selecionados aleatoriamente para a entrevista 10 produtores de culturas frutícolas por kebele. Assim, foram recolhidas informações sobre o seu nível de instrução e o tipo de material de plantação que utilizavam. Para o estudo, os produtores de culturas fruteiras da amostra foram entrevistados individualmente com um questionário semi-estruturado. Foram também realizados um pré-teste e um inquérito de reconhecimento para verificar a eficácia do questionário para o estudo; em seguida, os inquiridos da amostra foram entrevistados com a ajuda de enumeradores formados e uma entrevista de casa em casa e a observação visual do campo de culturas fruteiras da amostra entrevistada pelo investigador.

Entrevista com informadores-chave: Foram efectuadas entrevistas a informadores-chave com todos os agentes de desenvolvimento (ADs) das kebeles das áreas de estudo e com alguns produtores individuais de culturas frutícolas. A informação qualitativa recolhida na entrevista é utilizada para complementar e cruzar os dados obtidos através do inquérito aos agregados familiares.

Por conseguinte, foi utilizado o método de amostragem intencional para selecionar membros para a entrevista com informadores-chave.

Discussões em grupo: As discussões dos grupos de discussão foram conduzidas na área de estudo com líderes de AP selecionados propositadamente, Das e alguns indivíduos, que se acredita terem conhecimentos sobre a produção de culturas fruteiras e os problemas nas áreas de estudo, fizeram parte da discussão. Por conseguinte, foi utilizado o método de amostragem intencional para selecionar os membros dos grupos de discussão.

Fig1: entrevista de produtores individuais de culturas frutícolas

Recolha de dados de amostras de doenças: para reforçar os dados do inquérito domiciliário sobre a avaliação do tipo de doenças ocorridas no campo, foram selecionados 40 campos de fruta de agricultores representativos de todos os kebeles para fazer a avaliação de doenças e a recolha de dados.

Fig2: Exame da cultura de frutos para detetar a presença ou ausência de doenças

Fig3: Algumas das doenças identificadas nas culturas frutícolas Antracnose à esquerda Verticilium wilt à direita

3.2. Sumarização de dados

Os dados recolhidos durante o inquérito social foram resumidos utilizando o método estatístico descritivo (por exemplo, percentagem) e os dados recolhidos na entrevista aos agregados familiares sobre o seu nível de escolaridade foram resumidos e apresentados sob a forma de tabelas. Foram utilizados procedimentos de estatística descritiva em Excel (Word 2007) para resumir os dados.

3.3. Avaliação das doenças das culturas frutícolas

Depois de entrevistar os agricultores, deslocámo-nos para os campos para observar as árvores de fruto. Do campo dos agricultores retirámos duas a três árvores de cada cultura de frutos e procedemos a uma observação detalhada das doenças. A incidência e a gravidade das diferentes doenças foram registadas em cada cultura de fruto. A avaliação das doenças foi efectuada em 40 campos de agricultores em 4 kebeles do distrito de South Ari. Os kebeles estudados foram os de Mytser, Shekamer, Geza e Baytsimal do woreda de South Ari. De cada kebeles, foram avaliadas 10 plantas de cada cultura frutícola.

As doenças foram registadas na estação belga (janeiro-fevereiro de 2014) a partir da folha, caule e frutos. Os dados de incidência e severidade foram retirados das plantas amostradas. Os dados foram expressos em percentagem. A fórmula para calcular a incidência e a gravidade das doenças foi a seguinte

% Incidência=Número <u>de folhas/frutos/caules infectados x</u> 100

Número total de folhas/frutos/caules contados

%Severidade=Soma <u>de todas as classificações da doença x 100</u>

Número total de folhas/frutos/caules x valor máximo de classificação

A área infestada foi determinada por estimativa ocular, tanto para a incidência como para a gravidade das doenças. A identificação da maioria das doenças foi efectuada em condições de campo com a ajuda de guias de campo e outras referências.

Capítulo 4

4. MATERIAIS E MÉTODOS

4.1. Descrição da área de estudo

4.1.1. Zona de Omo Sul

O estudo foi efectuado na zona de Omo Sul da Região das Nações, Nacionalidades e Povos do Sul (SNNPR), localizada na parte sul da região. Astronomicamente, situa-se entre as coordenadas de 4.430-6.460 de latitude norte e 35.790-36.060 de longitude sul, com 360 a 3500 metros acima do nível do mar (m.a.sl) (BoFED, 2010). O padrão de precipitação da zona é do tipo bimodal, com pequenas chuvas durante os meses de fevereiro a abril, seguidas da principal estação chuvosa de julho a setembro. A zona de Omo Sul é constituída por 8 distritos com uma área total de 21.055,92 quilómetros quadrados (comunicação pessoal, 2017). Tem uma agroecologia diversificada classificada como 0,5% de terras altas, 5,1% de terras médias, 60% de terras baixas e 34,4% de deserto (comunicação pessoal, 2017). O sistema agrícola da zona é caracterizado como um sistema misto de culturas e criação de gado.

Caraterísticas físicas Localização

A Zona de Omo Sul está situada a 750 km de Adis Abeba e a 520 km de Hawassa (capital da região) no Estado Regional da Nacionalidade e do Povo do Sul (SNNPRS). A área terrestre da região está estimada em 21.055,92 quilómetros quadrados. Geograficamente, a zona está situada a 4.430-6.460 de latitude norte e 35.790-36.060 de longitude sul, com 360 a 3500 metros acima do nível do mar (m.a.sl).

Clima A zona tem um clima tropical sub-húmido, com uma precipitação média anual de 1000 mm e uma amplitude de 400 a 1600 mm. O padrão de precipitação é bimodal, com a estação chuvosa curta, entre julho e outubro, responsável por 60% da precipitação total, e a estação chuvosa longa, entre março e maio, responsável por mais de 30% da precipitação total. Temperatura média: Temperatura mínima 10,10 °C Temperatura máxima 35,50C. A temperatura média mensal é de 22.53° C com temperatura média mensal máxima e mínima de 35° C e 10.1° C, respetivamente. A zona tem quatro zonas agro-ecológicas distintas, nomeadamente 0,5 % de terras altas, 5,1 % de terras médias, 60 % de terras baixas e 34,4 %

de deserto.

Demografia Com base nos dados da CSA, em 2007 esta zona tem uma população total de 573.435 habitantes, dos quais 286.607 são homens e 286.828 mulheres; com uma área de 21.055,92 quilómetros quadrados. 43.203 ou 7,53% da sua população são habitantes urbanos. Tem uma densidade populacional estimada em 27,23 pessoas por quilómetro quadrado.

Alívio e drenagem

Altitude: A zona de Omo Sul tem uma altitude mais baixa de cerca de 376m ASL no extremo sul da zona perto do Lago Rudolf e uma altitude mais elevada em Shengama 3418m a.s.l. na wereda de Ari Sul.

Drenagem: Entre as bacias hidrográficas: O Gojeb, a oeste-norte, e o Gibe, no centro-norte da região, fundem-se e formam o rio Omo, que é o principal sistema de drenagem, constituindo 54% da região e terminando no lago Rudolf (Turkana). Existem também numerosas sub-bacias hidrográficas, como a de Mago (Neri, Sara, Berso, Maki), que corre para o Omo, e as de Weito (Afa, Lemeto, Merka) e Segen (Weito, Haro, Gayo e Turkut), que drenam para Stefani (Chewbahir).

Os rios têm um grande potencial para a produção de energia hidroelétrica e desenvolvimento da irrigação, pesca e outros fins. Principais bacias hidrográficas na área do projeto: rios Omo, Sala, Maki, Neri, Woyito e Kibish. Os principais picos da zona são: Shengama, Buska, Gorgocha e Bako

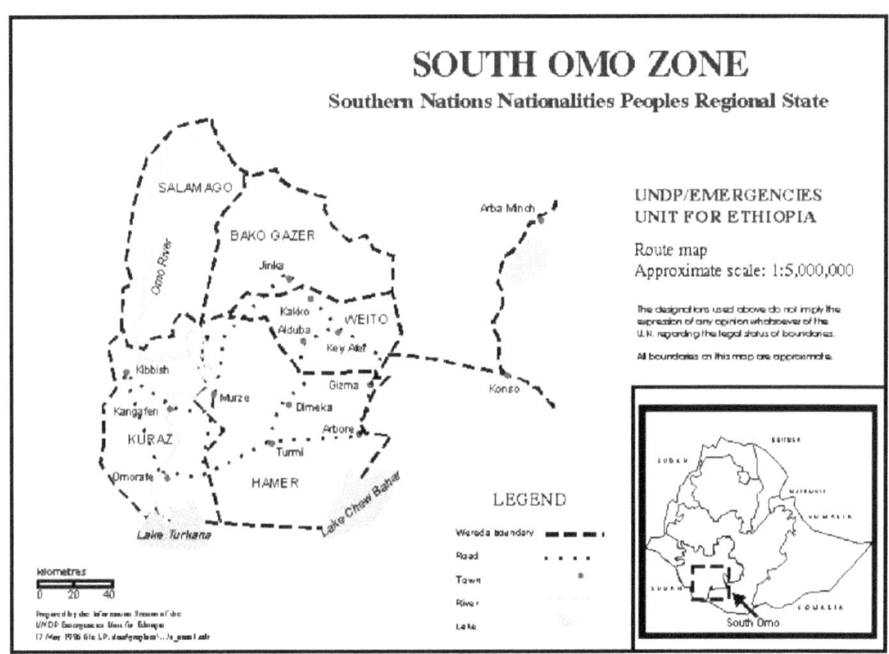

Fig 4: Mapa da zona de South Omo, SNNPR, Etiópia, retirado do mapa Google

Capítulo 5

5. RESULTADOS E DEBATE

5.1. Resultado do inquérito

5.1.1. Caraterística do agregado familiar

O resultado desta descoberta mostrou que 40 e 60% dos inquiridos da amostra eram mulheres e homens, respetivamente. Além disso, a maioria dos agricultores (cerca de 42,5%) não tinha instrução em todas as kebeles. Isto, portanto, pode exigir que se dê mais atenção à educação dos mais velhos para capacitar os agricultores para uma disseminação suave de boas tecnologias agrícolas. Além disso, a maioria dos agricultores (cerca de 42,5%) não tinha instrução em todas as kebeles. Este facto pode, portanto, exigir que se preste mais atenção à educação dos mais velhos, de modo a capacitar os agricultores para uma disseminação harmoniosa de boas tecnologias agrícolas. No entanto, cerca de 40%, 15% e 2,5% dos agricultores frequentaram o ensino formal nos níveis Primário (1-4), Júnior (5-8), Secundário e (9-10) em todas as kebeles, respetivamente (quadro 1). Estes factores foram considerados como vantagens para a extensão de práticas e tecnologias melhoradas e/ou boas de produção de fruta em períodos de tempo relativamente curtos.

Tabela 1. Nível de escolaridade dos chefes de família

Nível de escolaridade do inquirido	Percentagem de inquiridos				
	Metser	Baytsemal	Shekamer	Geza	Total
Analfabeto	50	40	50	30	42.5
Primário (1-4)	20	40	50	50	40
Júnior(5-8)	20	20	0	20	15
Secundário (9-10)	10	0	0	0	2.5
Terciário (>10)	0	0	0	0	0

Fonte: Dados do inquérito

Materiais de plantação utilizados para a produção de frutos: o estudo revelou que foram utilizadas sementes, plântulas e estacas para a produção de frutos na área de estudo. Entre estes, as plântulas e os SS foram os principais materiais de plantação utilizados (50% e 30%, respetivamente) para a produção de frutos em **Metser**. Considerando que, Plântulas, sementes e SS foram os principais materiais de plantação usados (50%, 20% e 220%, respetivamente) em Baytsemal, também o material de plantação que foi usado para a produção de fruta em Shekamer foi plântulas (40%) Considerando que, plântulas e sementes foram os principais materiais de plantação usados (40% e 25% respetivamente), mas SSS são os materiais de plantação menores usados (5,88%) para a produção de fruta em **Metser e Baytsimal kebeles** (tabela 2).

Quadro 2: Tipo de material de plantação utilizado

Material de plantação	Percentagem de inquiridos				
	Metser	Baytsemal	Shekamer	Geza	Total
Semente	10	20	20	25	18.75
Mudas	50	50	40	40	45
SS	30	20	20	20	22.5
SSS	10	10	20	15	13.75

Nota: SS=Sementes e rebentos, SSS=Sementes, rebentos e rebentos

Fonte: Fonte: Dados do inquérito

5.1.2. Resultado da avaliação das doenças das culturas frutícolas

A avaliação das principais doenças da manga, do abacate, da papaia e da laranja foi efectuada na zona de South Omo do woreda de South Ari em Metser, Baytsimal, Geza e Shekamer kebeles. A incidência e a gravidade são os principais instrumentos para medir as doenças. Foram registadas sete doenças no distrito de South Ari, na zona de South Omo. A manga, a papaia, a laranja e o abacate são as principais culturas frutícolas no woreda de South Ari, na zona de South Omo.

Os principais agentes patogénicos que causam doenças na manga são *C.gloeosporioides, Odium mangiferae, Lasiodiplodiatheo bromae, Xanthomonas campestris pv. mangiferae indicae,* e *Rhizoctonia solanikuhn* (Tabe3).No abacate, os principais agentes patogénicos causadores de doenças são *C.gloeosporoides, Oidiumspp* e *Fusarium spp.* Para além da manga e do abacate, a papaia e a laranja são as principais culturas frutícolas nas terras altas e médias de SouthAri woreda da zona de South Omo. Os agentes patogénicos que causam doenças nestas culturas frutícolas no woreda são *Phytophthorapalmivora, Pythiumaphan idermatum, Odium caricae* e *Phytophtora parasitica* na papaia e *Acrosporium tingitanium* e *Phytophthora spp.* na laranja.

Tabela 3: Doenças identificadas e nível de infeção (%) nas principais culturas frutícolas

Crop/host	*Disease*	*Pathogen*	*Incidence (%)*	*Severity (%)*
Mango	**ANT**	*C.gloeosporioides*	30.23	70
	PM	*Odiummangiferae*	26.55	55
	DB	*Lasiodiplodiatheobromae*	21.42	30
	BC	*Xanthomonascampestrispv.mangiferaeindicae*	20.71	25
	D.OFF	*Rhizoctoniasolanikuhn*	9.82	18
Avocado	**ANT**	*C.gloeosporoides*	42.32	60

	PM	*Oidiumspp*	37.83	50
	DB	*Fusariumspp*	31.07	25
Papaya	**FR**	*Phytophthorapalmivora*	14.77	20
	SR	*Pythiumaphanidermatum*	14.77	15
	PM	*Odium caricae*	24.3	15
	D.OFF	*Phytophtoraparasitica*	25	25
Orange	**PM**	*Acrosporiumtingitanium*	23.4	30
	FR	*Phytophthoraspp*	12.5	10

PM=powdery mildew, ANT=anthracnose, DB=dieback, D.OFF=damping off e FR=fruit rots=stem rot, BC=bacterial canker

Fonte: Dados do inquérito

Tabela 4: Patógeno identificado e nível de infeção (%) nas principais culturas de frutas em 4 Kebeles

Woreda	Kebele	Fruit crop	Pathogen	Incidence (%)
South Ari	Mytser	Mango	*Lasiodiplodiatheobromae*	7.14
			C.gloeosporioides	35.71
			Xanthomonascampestrispv.mangiferaeindicae	21.42
			Rhizoctoniasolanikuhn	7.14
			Odiummangiferae	21.42
		Avocado	*C.gloeosporoides*	85
			Fusariumspp	60
			Oidiumspp	77
		Papaya	*Phytophthorapalmivora*	10
			Pythiumaphanidermatum	10
		Orange	-	0
	Baytsemal	Mango	*c.gloeosporioides*	32.5
			Odiummangifererae	32.5
		Avocado	*Fusariumspp*	30

Kebele	Fruta	Doença	%
		Oidiumspp	30
		C.gloeosporoides	30
	Papaya	*Phytophthorapalmivora*	14.3
		Pythiumaphanidermatum	14.3
		Odium caricae	24.3
	Orange	*Acrosporiumtingitanium*	30.25
		Phytophthoraspp	12.5
Shekamer	**Mango**	*Xanthomonascampestrispv.mangiferaeindicae*	20
		Odiummangifererae	40
	Avocado	*C.gloeosporoides*	40
		Fusariumspp	20
		Oidiumspp	20
	Papaya	*Phytophthorapalmivora*	20
		Pythiumaphanidermatum	20
	Orange	*Acrosporiumtingitanium*	20
Geza	**Mango**	*C.gloeosporioides*	22.5
		Rhizoctoniasalanikuhn	12.5
	Avocado	*C.gloeosporoides*	14.28
		Oidiumspp	24.3
		Fusariumspp	14.28
	Papaya	*Phytophtoraparasitica*	25
	Orange	*Acrosporiumtingitanium*	20

Fonte: Dados do inquérito

A infeção média mais elevada de antracnose *(C.gloeosporioides)* 35,71% e 32,5% em manga foi registada em Maytser e Bytsemal kebeles de South Ari woreda, respetivamente. Entretanto, em Maytser e Shekamer kebeles de South Ari woreda da zona de South Omo foram registados 85% e 40% de antracnose *(C.gloeosporioides)* em abacate, respetivamente. Além disso, em Maytser e Baytemal kebeles de South Ari woreda, 77% *e* 32,5% de oídio

(Odium spp.) foram registados como a infeção média mais elevada no abacate e na manga, respetivamente (Quadro 2). A infeção média da laranja variou entre 12,5% *(Phytophthoraspp.)* e 30,25% *(Acrosporiumtingitanium)* no kebele de Baytsemal (Quadro 4). Os estudos anteriores relataram que a manga, o abacate, a papaia e a laranja são afectados por diferentes doenças.

Capítulo 6

6. DESAFIOS E OPORTUNIDADES PARA A PRODUÇÃO DE CULTURAS HORTÍCOLAS NA ETIÓPIA

6.1. Desafios

A. Conhecimento limitado sobre o potencial da área

O principal problema para a produção de culturas frutícolas em South Ari Woreda foi o facto de os serviços agrícolas relevantes terem conhecimentos limitados sobre o potencial natural e os constrangimentos do sector de produção de culturas frutícolas nos distritos. Apesar do maior potencial de produção de outras culturas, o kebele de Geza está mais sensibilizado para as actividades de produção de fruta do que os outros kebeles. A maioria dos peritos das kebeles não tinha uma ideia clara sobre o sistema existente e o potencial de desenvolvimento da produção de fruta na Woreda.

Consequentemente, o sector não foi considerado como um produto comercializável prioritário no plano estratégico dos serviços agrícolas de Woreda. No entanto, durante a avaliação dos constrangimentos e do potencial de produção de culturas frutícolas na zona, a produção de culturas frutícolas foi identificada como um dos produtos comercializáveis prioritários e uma atividade geradora de rendimentos para os agricultores da Woreda.

B. Modo tradicional de colheita e sistema de gestão pós-colheita

De acordo com a entrevista na exploração agrícola, o principal constrangimento que impediu a produção e a produtividade das culturas frutícolas na zona foi a má gestão do armazenamento, a falta de sensibilização e a forma tradicional de colher os produtos frutícolas. Todas as sociedades agrícolas no local especificado efectuam o armazenamento dos produtos em condições de armazenamento pouco seguras, em vez de seguirem uma forma cientificamente definida de colheita e armazenamento dos produtos da fruticultura.

Em todos os kebele's estudados do woreda de South Ari da zona de South Omo, os agricultores colhem os frutos batendo-lhes com pedras, o que é uma forma incorrecta de colher os frutos da mãe.

C. **Acesso ao mercado e infra-estruturas**

Os pequenos agricultores das zonas de estudo fornecem todos os seus produtos agrícolas, no que respeita às culturas frutícolas, ao mercado da sua aldeia, ao mercado woreda, ao mercado zonal, ao mercado zonal próximo. Mesmo que a distância para outras zonas e para o mercado de Hawassa seja longa, há possibilidade de comercialização em todos os destinos da comercialização de culturas frutícolas.

D. **Falta de um sistema de mercado estabelecido e de uma ligação institucional**

Os comerciantes são os que estabelecem os preços e os pequenos agricultores são os que os compram, não há cooperativas organizadas, as fontes de informação de marketing são os comerciantes. Como havia um sistema de comercialização melhorado e limitado e uma melhor compreensão do preço atual, o preço baixo forçado pelo pequeno agricultor teve um papel negativo no benefício económico da produção de culturas frutícolas e na utilização eficiente dos recursos existentes em todos os kebeles estudados.

6.2. Oportunidades

A Etiópia tem uma vantagem comparativa numa série de produtos hortícolas devido ao seu clima favorável, à proximidade dos mercados europeus e do Médio Oriente e à disponibilidade de terra, água para irrigação e mão de obra (Ethiopian Investment Agency, 2012). Assim, a Estratégia de Desenvolvimento Rural da Etiópia centra-se no desenvolvimento agrícola orientado para o mercado e o governo compromete-se a apoiar a integração do mercado e o desenvolvimento das agro-empresas (DCG, 2007). A produção e o consumo de legumes estão a aumentar na Etiópia devido ao aumento das exportações para o Djibuti, a Somália, o Sudão do Sul, o Sudão, o Médio Oriente e os mercados europeus e à urbanização (Tabor e Yesuf, 2012). Nestes países, há uma procura sustentada de produtos como pimentas, cebolas e couves, resultando num aumento das exportações de 25 300 toneladas em 2002/03 para 63 140 toneladas em 2009/10 (EHDA, 2011).

O valor nutricional e sanitário dos produtos hortícolas também é bem reconhecido na Etiópia, porque os produtos hortícolas desempenham um papel importante na saúde humana, fornecendo antioxidantes como a vitamina A, C e E, que são importantes para neutralizar os radicais livres (oxidantes) conhecidos por causar cancro, cataratas, doenças cardíacas, hipertensão, AVC e diabetes (Demissie *et al.*, 2009; Tabor e Yesuf, 2012).

Os produtos hortícolas constituem também uma fonte de rendimento para as famílias e uma oportunidade para aumentar a participação dos pequenos agricultores no mercado (Alemayehu *et al.*, 2010). Os legumes são também utilizados como fonte de matéria-prima para a indústria transformadora local. Produtos como pasta de tomate, sumo de tomate, oleorresina e especiarias moídas de Capsicum são produzidos para exportação, contribuindo significativamente para a economia nacional (Baredo, 2013). O desenvolvimento crescente da indústria hortícola e as práticas de produção intensiva de culturas hortícolas estão a criar oportunidades de emprego, especialmente para as mulheres e os jovens (Ethiopian Investment Agency, 2012). Constitui uma fonte de rendimento em dinheiro para as famílias e uma oportunidade para aumentar a participação dos pequenos agricultores no mercado (Alemayehu *et al.*, 2010). As frutas e os produtos hortícolas, tanto frescos como transformados, têm um enorme mercado interno na Etiópia, que é de longe mais significativo do que o volume de exportação (Yeabsira, 2014).

A. Custo do terreno e dos serviços públicos

Arrendamento de terras: De acordo com o EIA [2], na Etiópia, a terra é propriedade pública. Tanto os terrenos urbanos como os rurais estão disponíveis para investimento numa base de arrendamento. O direito de aluguer sobre o terreno pode ser transferido, hipotecado ou subarrendado juntamente com as instalações de construção. O período de aluguer também pode ser renovado. O valor da renda e o período de arrendamento dos terrenos rurais são determinados e fixados pelos regulamentos de utilização dos terrenos de cada estado regional.

B. Trabalho

A agricultura hortícola é muito intensiva em termos de mão de obra, exigindo 32 a 34 trabalhadores por hectare e por dia. Uma vez que a Etiópia tem uma oferta abundante de mão de obra não qualificada a 2030 Birr (US 1,17-1,76) por dia 2EIA, 2012.

C. A política de investimento

Para incentivar o investimento privado, o Governo etíope desenvolveu um pacote de incentivos ao abrigo do Regulamento n.º 84/2003 para os investidores envolvidos em novas empresas e expansões, numa série de sectores 2. Os investidores estrangeiros podem investir sozinhos ou em parceria com investidores nacionais

* Não há restrições à participação no capital de empresas comuns (JV) Investimento

* Necessidade de obter uma autorização de investimento da AIA

Obrigação de afetar um capital mínimo

200 000 USD para um único projeto de investimento

150 000 dólares americanos para as acções conjuntas com um investidor nacional

100 000 USD para consultoria técnica, se for detida a 100% ou

50 000 USD em conjunto com um investidor nacional

D. Incentivos ao investimento

De acordo com o empréstimo especial é fornecido através do Banco de Desenvolvimento da Etiópia (DBE) e o banco tem a seguinte política de crédito

✓ A taxa de juro é fixada em 7,5% por ano. No entanto, esta taxa pode variar de tempos a tempos.

✓ O Banco concederá aos seus clientes um período máximo de carência que abrange o período até ao início da atividade. O período máximo de carência permitido é fixado em três anos.

✓ Todos os activos fixos do projeto devem ser mantidos como garantia ou garantia de empréstimo do projeto.

✓ O rácio dívida/capitais próprios exigido é de 70/30 para os novos projectos. No entanto, para os projectos em curso que incluam a expansão de projectos existentes, o rácio será de 60/40.

✓ O período de reembolso do empréstimo é determinado tendo em conta a rentabilidade e a capacidade de serviço da dívida da empresa mutuária, bem como a vida económica dos principais elementos de investimento, sendo o período máximo de reembolso de 10 anos.

✓ Repatriamento total dos lucros, dividendos, pagamentos de capital e juros sobre empréstimos externos, etc., para fora da Etiópia em moeda convertível

✓ O direito de empregar peritos e pessoal de gestão expatriados

✓ Tratados bilaterais de promoção e proteção do investimento com 30 países

E. Geografia

As diferenças topográficas resultam em diferentes zonas climáticas que tornam a Etiópia um país atrativo para diferentes tipos de sistemas de produção agrícola. Cerca de 60% da superfície é adequada para a agricultura. Além disso, a quantidade de terra que pode ser irrigada é grande, mas, atualmente, apenas uma pequena parte é efetivamente utilizada. A Etiópia é dotada de recursos agrícolas abundantes. Caracteriza-se por diversas caraterísticas físicas que permitem dividir o país em 18 grandes zonas agro-ecológicas e 62 sub-zonas, cada uma com o seu próprio potencial físico e biológico. Dada esta diversidade, existem grandes oportunidades de investimento agrícola no cultivo de produtos hortícolas. As diferenças geográficas resultam em três zonas climáticas:

- Zona fresca, acima de 2400 metros, temperaturas diurnas que variam entre o gelo e os 16°C

- Zona temperada, 1500 - 2400 metros, temperaturas diurnas de 16 - 30°C

- Zona quente, abaixo dos 1500 metros, temperaturas diurnas superiores a 27°C 1.

F. Clima

As condições agro-climáticas da Etiópia tornam-na adequada para a produção de uma vasta gama de frutas, produtos hortícolas e flores de corte. A variedade de altitude, temperatura e variabilidade do solo do país criou uma enorme diversidade ecológica e uma enorme riqueza de recursos biológicos. Por outras palavras, as amplas gamas de condições ecológicas que prevalecem no país criaram um habitat favorável para formas de vida diversificadas, incluindo plantas, animais e microrganismos.

Capítulo 7

7. CONCLUSÕES E RECOMENDAÇÕES

7.1. Conclusão

Na região SNNPR, a agricultura é a espinha dorsal da economia regional, contribuindo para cerca de 73% do PIB regional e mais de 90% do emprego total. Os resultados do inquérito mostram que as culturas frutícolas cultivadas pelos camponeses privados cobrem apenas uma pequena área simbólica e a produção no país. A produção de fruta é uma das principais fontes de rendimento em dinheiro para os agricultores que vivem no estado SNNPR da Etiópia. É a terceira maior fonte de rendimento familiar, a seguir à produção agrícola e pecuária, para os agricultores da região. O estado tem condições climáticas diversificadas, que vão desde as zonas áridas das planícies até às zonas húmidas das terras altas, o que torna a zona adequada para a produção de frutos de tipos muito diversificados. Entre as árvores de fruto plantadas na zona, a manga, o abacate, a papaia, os citrinos e o zyton são as principais.

A adoção de variedades de fruta de alto rendimento e resistentes a doenças foi considerada uma medida de alívio adequada, uma vez que melhorou os meios de subsistência dos agricultores locais. O relatório do inquérito que foi realizado a nível zonal em 2014, também confirmou que o rendimento obtido das variedades locais é demasiado baixo. Mas a sua produção e produtividade estão sujeitas aos factores bióticos e abióticos do mergulhão. Entre os factores bióticos, destacam-se as doenças. Embora a perda de rendimento causada por cada agente patogénico não seja claramente estudada e quantificada nas áreas estudadas, este estudo indica a presença de múltiplas doenças que afectam as culturas frutícolas em diferentes fases de crescimento. Neste estudo, a manga, o abacate e a papaia foram afectados por cinco, três e quatro agentes patogénicos causadores de doenças, respetivamente. Mas o número dos principais agentes patogénicos que atacam a laranja foi de dois em todos os kebeles. De entre todas as doenças, as doenças fúngicas (oídio, míldio e antracnose) são as mais frequentemente encontradas nas áreas estudadas.

São utilizados vários métodos de controlo para controlar as doenças dos frutos, especialmente a antracnose, entre os quais a antracnose é controlada por um bom programa de pulverização no campo para controlar insectos, a mancha de Cercospora e a crosta. A mancha de

Cercospora e a sarna são controladas por aplicações mensais de Benlate® a 1,7-2,2 kg/ha. O cobre micronizado a 1,5-2 kg/400 litros é eficaz no controlo da mancha de Cercospora e da sarna. A colheita inadequada de frutos imaturos contribui para o desenvolvimento da antracnose no armazenamento e no trânsito, uma vez que os frutos são susceptíveis a contusões e rupturas da pele causadas na colheita e na embalagem. A antracnose pode ser controlada principalmente através de boas práticas culturais no pomar e de um manuseamento adequado dos frutos antes e depois da colheita. Podar os ramos e galhos mortos onde os fungos esporulam. Se houver muitas folhas mortas entrelaçadas na copa, arrancá-las da árvore. Podar os ramos baixos a pelo menos 2 pés do chão para reduzir a humidade nas copas, melhorando a circulação do ar.

7.2. Recomendação

Embora a perda de rendimento causada por cada agente patogénico não esteja claramente estudada e quantificada nas áreas das culturas frutícolas estudadas, este estudo indica a presença de múltiplas doenças que afectam as culturas frutícolas em diferentes fases de crescimento. Neste estudo, a manga, o abacate e a papaia foram afectados por cinco, três e quatro agentes patogénicos causadores de doenças, respetivamente. Mas o número dos principais agentes patogénicos que atacam a laranja foi de dois em todos os kebeles. De entre todas as doenças, as doenças fúngicas (oídio, míldio e antracnose) são as mais frequentemente encontradas nas áreas estudadas. Devem ser feitos esforços para a integração de múltiplas opções de controlo de doenças. Estas são o desenvolvimento de variedades resistentes, o desenvolvimento de melhores práticas agronómicas, a sensibilização dos agricultores e dos peritos, desde a seleção do local até ao manuseamento pós-colheita, para a importância das doenças e da sua gestão. Em geral, é necessária uma abordagem holística, cumulativa e integrada com toda a urgência para gerir as múltiplas doenças nas áreas estudadas. Além disso, devem ser encontradas soluções para problemas como a acessibilidade, a eficiência do canal de mercado, a melhoria da tecnologia de produção de culturas frutícolas e o manuseamento pré e pós-colheita para os produtores de culturas frutícolas visados, devendo ser prosseguida a investigação e estabelecida uma forte colaboração entre as diferentes partes interessadas, a fim de atenuar estes problemas.

Referências

A. Alazar , "Horticultural Marketing in Ethiopia", tese, Universidade de Haramaya, Haramaya, Etiópia, 2007.

Amer, M.H. 2002. Etiópia, Sudão, Jamahiriya Árabe Líbia e Somália: Status of irrigation and drainage, future developments and capacity building needs in drainage. Em International Programme for Technology and Research in Irrigation and Drainage (IIPTRID): Capacity Building for Drainage in North Africa. Relatório de reforço de capacidades do IIPTRID. FAO, Roma. março de 2002. Pp. 121-143.

A. Yohannes, "Economics of horticultural production in Ethiopia: First international symposium on horticultural economics in developing countries," Ata Horticulturae, vol. 16, pp. 15-19, 1989.

Ali, M., U. Farooq, e Y.Y. Shih .2002. Investigação e desenvolvimento de produtos hortícolas na região asiática: uma orientação para a definição de prioridades. ln: C.G. Kuo (ed). Perspectives of Asian cooperation in vegetable research and development Shanhua, Taiwan: Centro Asiático de Investigação e Desenvolvimento de Produtos Hortícolas. p. 20-64.

Baredo, Y. 2013. Documento de Diagnóstico e Planeamento da Zona de Gamo Gofa, Projeto Lives (Livestock and Irrigation Value Chains for Ethiopian Smallholders)

CSA (Agência Central de Estatística). Agência Central de Estatística da República Democrática Federal da Etiópia. Inquérito por amostragem agrícola, relatório sobre a área e a produção das principais culturas, Adis Abeba, Etiópia. 2011 / 2012 (2004 E. C.).

CSA (Agência Central de Estatística). Agência Central de Estatística da República Democrática Federal da Etiópia. Inquérito por amostragem agrícola, relatório sobre a área e a produção das principais culturas, Adis Abeba, Etiópia. 2017 (2009 E.C.).

E. Bezabih e G. Hadera, Constraints and problems of Horticulture Production and Marketing in Eastern Ethiopia (Constrangimentos e problemas da produção e comercialização de produtos hortícolas na Etiópia Oriental). Osolo: Dryland Coordination Report, G46, 2007, pp. 1-91,

EHDA (Agência de Desenvolvimento da Horticultura da Etiópia) .2012. Exportação de frutas e legumes da Etiópia: Avaliação dos potenciais de desenvolvimento e das opções de investimento no sector das frutas e produtos hortícolas orientados para a exportação

F. F. Olayemi, J. A. Adegbola, E. I. Bamishaiye e A. M. Daura, "Assessment of post- harvest challenges of small scale farm holders of tomatoes, bell and hot pepper in some local government areas of Kano State, Nigeria," Bayero Journal of Pure and Applied Sciences, vol. 3, no. 2, pp. 39-42, 2010.

Greenhalgh P. e Havis E., Instituto de Recursos Naturais. 2005. Feasibility Study on Assistance to the Export Horticulture Setor in Ethiopia, Reino Unido

J . Milaku, "Patterns and determinants of fruit and vegetable demand in developing countries: a multi-country comparison (Ethiopia)", In FAO/WHO, Fruit and Vegetables for Health, Report of a Joint FAO/WHO Workshop 1-3 September 2004, Kobe, Japan, 2005.

K .Mohammed e B. Afework, "Perda pós-colheita e deterioração da qualidade das culturas hortícolas na região de Dire Dawa, Etiópia", Journal of the Saudi Society of Agricultural Sciences (em linha).

Martin, F.W., Campbell, C.W. e Ruberte, R.M. 1987.Perennial Edible Fruits of the Tropics.USDAAgricultural Handbook No. 642.

MoARD (Ministério da Agricultura e do Desenvolvimento Rural). 2005. Vegetables and Fruits Production and Marketing Plan (Amharic Version), Ministério da Agricultura e do Desenvolvimento Rural, Adis Abeba, Etiópia.

Ministério da Agricultura. 2006. Planos de Desenvolvimento Agrícola. Adis Abeba, Etiópia, ARS Publications.150 p.

M. Yitebitu, "Recommended Fruit Trees for Borana Lowlands/Midlands and Their Production Techniques," Consultancy Sub-Report No., 3, pp. 1-17, FARM Africa/SOS Sahel, 2004.

Nakasone, H.Y. e Paul, R.E. 1998.*Tropical Fruits.* CAB International, Wallingford, Reino Unido.

Randy C. P e John A.M. 2003. Diseases of Tropical Fruit Crops (Doenças das culturas fruteiras tropicais). CABI Publishing, CABI Publishing Wallingford Oxon OX 10 8DE.

Londres, Reino Unido.Pp15-573.

W. Bekele, "Horticulture marketing systems in Ethiopia, first international symposium on horticultural economics in developing countries," Ata Horticulturae (ISHS), vol. 270, pp. 21 - 31, 1989.

W. Clay, "Meeting consumers' needs and preferences for fruit and vegetables", In Fruit and Vegetables for Health, FAO/OMS, ED Report of a Joint FAO/WHO Workshop,1-3 September 2004, Kobe.

Weinberger, K. e T. Lumpkin. 2007. Diversificação em Horticultura e Redução da Pobreza: A Research Agenda. The World Vegetable Center, Taiwan; editor: Elsevier Ltd.

Yohannes, A. 1989. Economics of horticultural production in Ethiopia First international symposium on horticultural economics in developing countries (A.de Jager and A.P. Verhaegh (eds.) Ata. Horticulturae. 16 - 23 de julho de 1989. Alemaya, Etiópia PP. 15 - 19.

Zelleke, A. e S. Gebre Mariam .1991. Role of Research for Horticultural Development in Ethiopia Ata Hort. (ISHS) 270.

Printed by Books on Demand GmbH, Norderstedt / Germany